U0185017

"算出"数学思维

人体

Human Body

[英]安妮·鲁尼 著

肖春霞 译

海峡出版发行集团 | 海峡书局
THE STRAITS PUBLISHING & DISTRIBUTING GROUP

目录

算一算

在一个智慧机器人的帮助下，你将开启一段人体数学发现之旅，通过这段旅程，揭开隐藏在你皮肤下面的关于组织和器官的奥秘。

阅读这本书，你将了解到有关条形图、平均数、三角形以及其他数学知识，学习运用这些知识解决人体数学难题，从而揭开隐藏在你身体里的奥秘。

参考答案

这里给出了“算一算”部分的答案。翻到第 28—31 页就可验证答案。

你需要准备哪些文具？

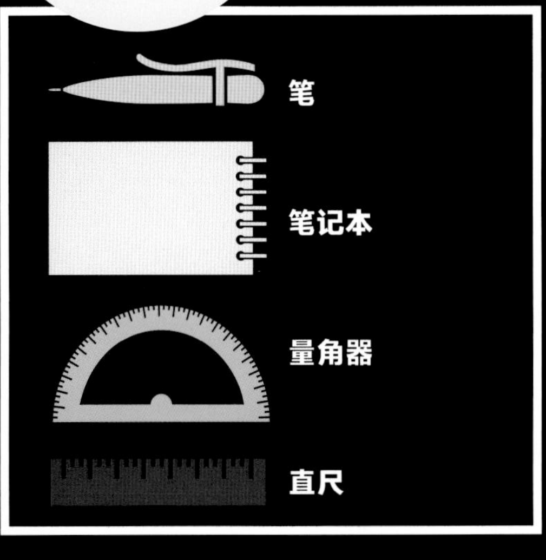
笔
笔记本
量角器
直尺

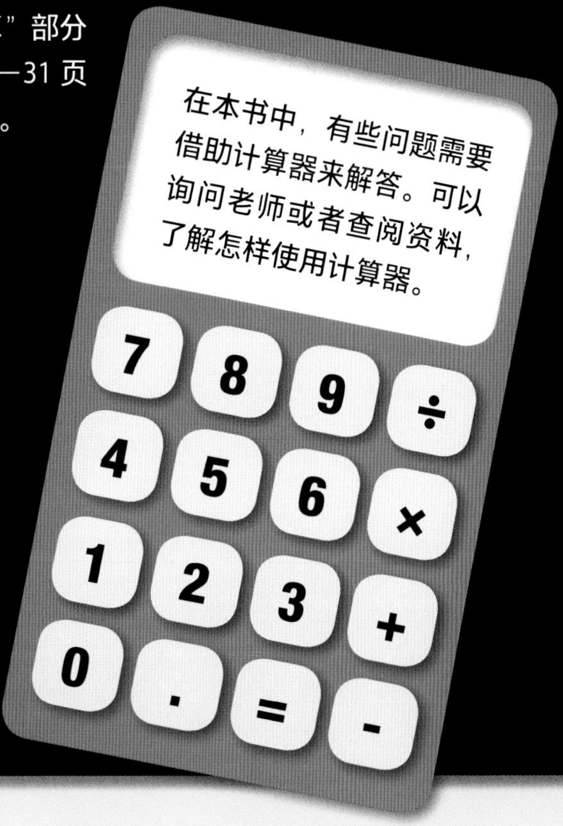
在本书中，有些问题需要借助计算器来解答。可以询问老师或者查阅资料，了解怎样使用计算器。
7
8
9
÷
4
5
6
×
1
2
3
+
0
.
=
-

质数

你的身体

假设你正在做有关人体的研究。一个叫安德鲁的机器人正在帮你测量数据和收集信息。

数之间是存在相互关系的，例如数是奇数还是偶数，又或者数是否有因数。

除了 0 以外的自然数不是偶数就是奇数，偶数能够被 2 整除，即商是一个整数。如果把两个偶数或者两个奇数加起来，就会得到一个新的偶数；如果把一个奇数和一个偶数加起来，就会得到一个新的奇数。

学一学
数的含义

4

若整数能够被一个自然数整除，我们称这个自然数为因数。例如 12 能够被 3 整除（得到 4），所以 3 是 12 的一个因数。

12 的因数有 1，2，3，4，6，12。

1 × 12 = 12
3 × 4 = 12
2 × 6 = 12

除了 1 和它本身外不再有其他因数的自然数叫作质数。自然数中的前 10 个质数是：

2, 3, 5, 7, 11, 13, 17, 19, 23, 29

所有的自然数都可以写成个位、十位、百位、千位、万位等位值相加的形式：

	千位	百位	十位	个位	
	2	6	3	7	2000+ 600+ 30+ 7 =2637
	9	0	3	4	9000+ 30+ 4 =9034

〉算一算

安德鲁非常喜欢数字。它列出了与你身体有关的一些数，快看看下面的题你会不会做。

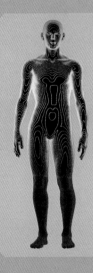

手指（单只手）...5 根

牙齿...26 颗

眼睛...2 只

鼻子...1 个

肢体...4

肺...2 个

头发...85324 根

眼睫毛...467 根

1 图上哪些数是质数？

2 26 有几个因数？请把它们写出来。

3 如果把眼睫毛和头发对应的数相加，得到的和是偶数还是奇数？

4 在头发对应的数里，万位是几，它代表的位值是多少？

5 请将头发对应的数用个位、十位、百位、千位等位值相加的形式写出来。

健康饮食

你想看看自己的饮食是否健康，可以让安德鲁记录过去一周你的水果和蔬菜摄入情况。

学一学 条形图和表格

信息可以通过表格或者条形图的形式呈现。通常情况下，你需要先收集数据，再根据数据制作表格或者条形图。

6

为了将表格做成条形图，你需要选择表格中的部分数据作为条形图的 x 轴（横轴），选择表格中的另一部分数据作为条形图的 y 轴（纵轴）。其中 y 轴的数据必须是可以表示数量的数。

本表格表示某班级中 3 个月内（4 月到 6 月）看过牙医的学生人数（次）。

月份	人数（次）
4 月	13
5 月	7
6 月	10

本条形图所显示的数据与上面表格中的一样。

每个月均由一个条形代表，条形的高度表示该月看过牙医的学生人数（次）。

〉算一算

此表格表示过去一个星期你的蔬菜摄入量（份）。

时间	蔬菜摄入量（份）
星期一	3
星期二	2
星期三	2
星期四	1
星期五	2
星期六	3
星期日	2

此条形图表示过去一个星期你的水果摄入量（份）。

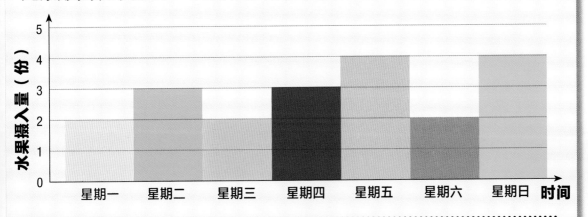

① 你在哪天吃了 3 份水果？

② 你在哪天吃的水果最少？

③ 请在笔记本中画一个条形图，来表示你过去一个星期的蔬菜摄入量。

④ 你在哪天吃的蔬菜比水果多？

⑤ 下面的两个表格 A 和 B，哪个表格显示的数据与水果摄入情况条形图的数据一样？

A

时间	水果摄入量（份）
星期一	2
星期二	3
星期三	2
星期四	3
星期五	4
星期六	2
星期日	4

B

时间	水果摄入量（份）
星期一	2
星期二	3
星期三	2
星期四	4
星期五	3
星期六	2
星期日	4

呼吸

你为了比较吸入和呼出的气体，进行了吹气球实验，并让安德鲁帮你测量气球中容纳的不同气体的含量。

学一学 百分比

你可以将百分比理解为一百分之几。某个事物的全部就是百分之一百（"百分之"用"%"表示），也就是 $\frac{100}{100}$（写成 100%）。某个事物的一半就是百分之五十，或者 $\frac{50}{100}$（写成 50%）。一个事物各个部分所占百分比的总和等于 100%。

一位成年男性的肺可以容纳约 5L（升）空气。但是，他正常呼吸时，只需要吸入约 0.5L 的空气。为了找到吸入空气量占肺总容积的百分比，可以用吸入量除以肺的容积，再乘 100%，即：

$$\frac{0.5}{5} \times 100\% = 0.1 \times 100\% = 10\%$$

当一位成年男性深吸一口气时，他吸入的空气量约占肺总容积的 60%。你可以通过下面的式子计算出吸入量：

$$\frac{60}{100} \times 5 = 吸入量$$

....

即 0.6 × 5＝3（L）

〉算一算

安德鲁打印了一张表格，表格中显示了你吸入的空气和呼出的气体中不同气体的含量，用百分比表示。但是安德鲁没有记录全部数据信息，它将未记录的数据用"X"表示。

吸入的空气	
氮气	78%
氧气	X%
其他气体	1%

呼出的气体	
氮气	78%
氧气	16%
二氧化碳	X%
其他气体	1%

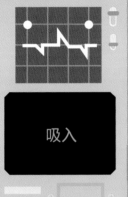

1 在你吸入的气体中，氧气占的百分比是多少？

2 在你呼出的气体中，二氧化碳占的百分比是多少？

3 请在笔记本中，把你呼出的气体中不同气体的占比情况用条形图表示出来。

4 假设你吸入的空气总量是 600 立方厘米（cm³），那么你吸入的氧气量是多少？

5 假设你呼出的气体中含有 156cm³ 氮气，那么你呼出的气体总量是多少？

举重

安德鲁正在帮你测算，
你和朋友谁的力气更大。
你把装有水果和蔬菜的袋子放到一个
盒子里，让安德鲁记录你搬动东西的重量。

学一学
混合运算

混合运算包含不止一种数学运算（加法、减法、乘法或者除法）。你需要按照正确的顺序进行混合运算。

10

假如你买了 2 瓶饮料和 3 个苹果，每瓶饮料 7.5 元，每个苹果 2 元。那么一共花的钱是：

$$（2 × 7.5）+（3 × 2）= 15 + 6 = 21（元）$$

计算时应该先进行括号内的运算。如果括号内是乘法或除法算式，那么去掉括号并不会改变运算顺序：

$$2 × 7.5 + 3 × 2 = 15 + 6 = 21（元$$

对上面这个式子进行求和运算时，应该先进行乘、除法运算，然后进行加、减法运算。如果你先进行加法运算，那么结果将是：

$$2 × 10.5 × 2 = 42（元）错！$$

以下纸袋子内装有不同重量的水果
或蔬菜，你要将它们放到一个自重
为 200 g（克）的大盒子里。

盒子
200 g

土豆
2000 g

胡萝卜
1500 g

李子
500 g

香蕉
800 g

橙子
1000 g

* 1 kg（千克）= 1000g。

1 假如你能轻松地搬动 1 袋土豆和 3 袋李子。盒子重
200 g，请问你一共搬动了多重的东西？

2 接下来，你想拎 2 袋胡萝卜、2 把香蕉和 1 袋橙子，
但是你试了下发现太重了。于是你拿走了半袋橙
子。那么你一共搬了多少东西？（请不要忘记盒子
的重量！）

3 是时候收拾一下了。你们班大多数同学能够搬动
4 kg 再加一个盒子的重量。现在一共有 8 袋胡萝卜、
10 袋土豆、15 把香蕉、14 袋李子和 13 袋橙子。请
问需要多少名同学才能够将这些东西全部搬走？

计算

量身体

你正在观察不同身体部位的测量数据，想用分数的形式将它们的数量关系表示出来。

分数指的是整体的一部分。每个分数都由三部分组成，即分子、分数线和分母。

学一学
分数

1 是分子　$\dfrac{1}{2}$　分数线
2 是分母

分数的加、减：当分母相同时，只要把分子相加、减。

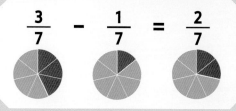

$$\frac{3}{7} - \frac{1}{7} = \frac{2}{7}$$

12

有时需要对分母不同的分数进行加、减。要先将它们通分成分母相同的分数，即同分母分数。

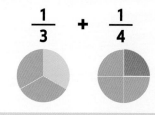

$$\frac{1}{3} + \frac{1}{4}$$

为了找到同分母，需要先计算出两个分数的分母的公倍数。对于上面的两个分数，也就是：

3 × 4 = 12　12 就是它们的同分母

将两个分数通分成同分母的分数，这样不会改变分数的大小，得到：

$$\frac{1}{3} = \frac{1 \times 4}{3 \times 4} = \frac{4}{12}$$

$$\frac{1}{4} = \frac{1 \times 3}{4 \times 3} = \frac{3}{12}$$

当两个分数的分母相同的时候，就可以对分子进行简单的加、减了，从而得到结果：

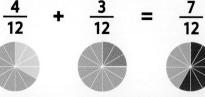

$$\frac{4}{12} + \frac{3}{12} = \frac{7}{12}$$

两个分数相乘，就是用两个分子相乘的积作分子，两个分母相乘的积作分母：

$$\frac{1}{2} \times \frac{1}{4} = \frac{1 \times 1}{2 \times 4} = \frac{1}{8}$$

当分数被一个整数除时，用分母与这个整数相乘的积作分母。例如：

$$\frac{4}{5} \div 2$$ 将分母 5 与整数 2 相乘，即 $$\frac{4}{5 \times 2} = \frac{4}{10}$$

把得到的这个分数约分成最简分数：

$$\frac{4}{10} = \frac{2 \times 2}{5 \times 2} = \frac{2}{5}$$

〉算一算

安德鲁帮你测量了一些有关身体的数据，并得到了一些分数。

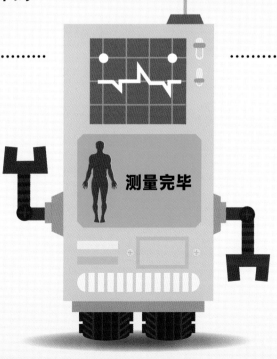

测量完毕

1 已知你大脚趾的宽度为脚宽的 $\frac{1}{3}$。那么剩余几个脚趾的总宽度占脚宽的几分之几？

2 其余四根脚趾宽度相似，那么每个脚趾占脚宽的几分之几？

3 已知你的头长为身高的 $\frac{1}{6}$，你的腿长为身高的 $\frac{1}{2}$。那么身体的剩余部分占身高的几分之几？

4 已知你的老师的头长为身高的 $\frac{1}{8}$，膝盖到地面的高度为身高的 $\frac{1}{4}$。那么身体的剩余部分占身高的几分之几？

比比谁高

任务 6

学一学
平均数

在学校里，你的小伙伴们有胖有瘦有高有矮，身材各不相同。你收集了一些有关他们身体的数据信息，想要对比看看有何不同。

当你收集到一组数值时，通常需要计算出它们的平均数。平均数能够告诉你一组数据的平均水平，也能够帮你分析有些数值是否不寻常。

本表格显示了你所在班级中 5 名同学的鞋子尺码信息：

14

名字	鞋子尺码
乔	20
克里斯	22
丹	21
朱莉	20
艾德	22

计算平均数时，首先要将所有的鞋子尺码加起来：

$$20 + 22 + 21 + 20 + 22 = 105$$

然后用总和除以同学的人数：

$$105 \div 5 = 21$$

通过计算你可以得出，这五名同学的平均鞋子尺码为 21 码。如果一个同学的鞋子尺码大于 21 码，也就可以说他（她）的鞋子尺码大于这组同学的平均鞋子尺码。

〉算一算

你收集了来自两个班级的两组同学的身高（单位 cm，即厘米）和体重信息，并制作了两个表格。你想要找出他们的平均身高和体重的信息。

A 班同学名字	身高（cm）	体重（kg）
阿比盖尔	123	29
本	131	34
艾米利亚	127	33
哈里	124	31
艾卜杜	130	33

B 班同学名字	身高（cm）	体重（kg）
佳丽	118	27
伊利斯	123	29
姜	116	26
杜德	122	27
莎莎	126	31

① 请计算表中 A 班同学的平均身高。

② 在不进行计算的前提下，你认为 A 班同学的平均体重与 B 班同学的平均体重相比，是更重还是更轻?

③ 如果把两个班级的同学放到一起，所有同学的平均身高是多少?

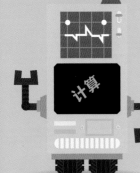

皮肤表面

安德鲁测量并记录了你老师的皮肤表面积以及两名同学的皮肤表面积信息。

学一学
十进分数
和小数

十进分数的分母是 10、100、1000……所有的十进分数都能写成小数的形式。

| 0.1 | 指的是十分之一，即 $\frac{1}{10}$。 |

| 0.01 | 指的是百分之一，即 $\frac{1}{100}$。 |

16

| 0.001 | 指的是千分之一，即 $\frac{1}{1000}$。 |

蓝色阴影区面积表示方格总面积的 $\frac{4}{10}$ 或者 0.4。

以下是一些常见分数的小数形式：

$\frac{1}{2}$ =0.5
图为 $\frac{5}{10}$。

$\frac{1}{5}$ =0.2
图为 $\frac{2}{10}$。

$\frac{1}{4}$ =0.25
图为 $\frac{25}{100}$。用数字"2"和"5"的位值表示，0.25 为 $\frac{2}{10}$ + $\frac{5}{100}$。

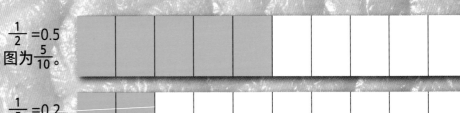

有的分数不能写成十进分数，也就不能写成有限小数。例如，

$$\frac{1}{3} = 0.3333\cdots\cdots$$ 其中"3"无限循环。

$$\frac{1}{6} = 0.1666\cdots\cdots$$ 其中"6"无限循环。

这些小数叫作循环小数。

〉算一算

本图显示了老师身上的皮肤面积。第一个方块的总面积为 $1m^2$（平方米），第二个方块的阴影部分不足 $1m^2$。

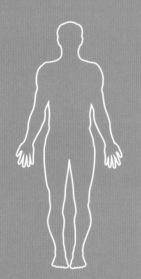

学生	皮肤面积
霍利	$1.2m^2$
拉米兹	$1.3m^2$

1. 已知图中两个方块的阴影部分面积之和为老师的皮肤面积，请计算老师的皮肤面积。

2. 请在你的笔记本上，用方块加阴影的形式把霍利和拉米兹的皮肤面积表示出来。

3. 如果用分数来表示霍利和拉米兹的皮肤面积，该怎么写。

4. 第 2 题中你已经用阴影表示出霍利的皮肤面积。请问他的皮肤面积的分数部分与四分之一相比，是大、是小还是一样？与五分之一相比呢？与六分之一相比呢？

5. 老师和两个同学三人的皮肤总面积是多少？

骨头

安德鲁正在用 X 射线仪观察、计算、测量你的骨头情况。它用纸复印了骨骼片子，这样你可以根据这些复印图片绘制人体骨骼图，并记录身体各部分的骨头数量。

学一学 表达式和方程

表达式用数、运算符号（+、−、×、÷）和变量来表示不同量之间的关系。变量是用来代表数的字母。

你有 10 根手指，每根手指有一定数量的骨头（拇指有 2 块骨头，其余手指均有 3 块），但是你弄丢了 3 块骨头的图片。假设每根手指的骨头数量相等，用字母 a 表示。

18

你可以将表达式写成

$$10a - 3$$

来表示剩余的骨头数量。不管每根手指有多少块骨头，这个表达式始终是正确的。

假如你想知道每根手指有多少块骨头，若已知剩余的骨头数量，你可以列一个方程。例如，已知剩余骨头数量为 27 块，方程可以写成：

$$10a - 3 = 27$$

为了求解这个方程，你需要将变量 a 单独放到方程中等号的一边，将答案放到等号的另一边。这样做的话，你要进行反向运算（+、−、×、÷），但是需要对方程左右两边都进行反向运算。因为方程的左边减去 3，你首先要做的就是进行反向运算，即加 3。也就是：

$$10a - 3 + 3 = 27 + 3$$

相当于

$$10a = 27 + 3$$

也就相当于

$$10a = 30$$

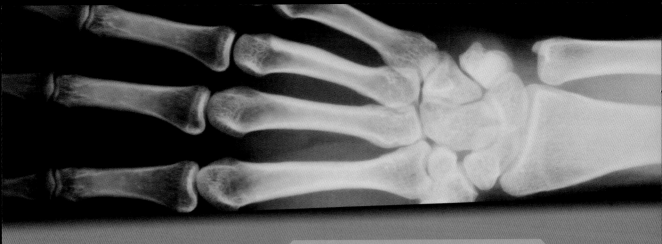

因为左边 a 乘了 10，下一步就要在方程的两边都除以 10。也就是：

$$10a \div 10 = 30 \div 10$$

得出　　$a = 3$　　那么可以得出每根手指有 3 块骨头。

〉算一算

你把复印出来的骨头照片拼到一起，但是发现有些图片不见了。

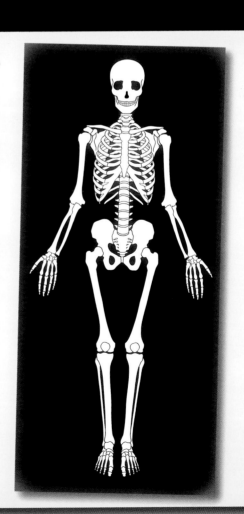

1　图中原本有 24 根肋骨，但你只找到了 13 根。假设丢失的肋骨数量为 r，列出计算 r 值的方程。

2　求解上一题的方程。

3　假设每个脚趾的骨头数量相同，用 t 表示，请将一只脚的脚趾骨头总数用表达式表示出来。

4　若已知 t 等于 3，那么你一只脚的脚趾骨头总数是多少？

5　脊柱是由多块椎骨按照一定的方式组合在一起的。以下表达式表示其组成情况：

$$7 + 12 + s + 9$$

假设你的脊柱上有 33 块椎骨，求 s 的值。

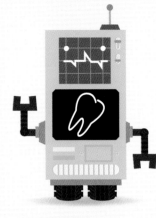

身体中的比

任务 6

你统计了朋友们的乳牙和恒牙数量，以及是否有空牙槽，这样你可以计算乳牙和恒牙数量的比。

比表示一个数量与另一个数量之间的关系。

例如，假如你用一杯橙汁和两杯苹果汁制作了一瓶饮料，那么这瓶饮料中两种果汁将以这样的比例进行混合：

20

1 : 2

这个比表示苹果汁是橙汁的两倍。不管你喝掉多少，它的比始终不变。

假设你们班有 8 个同学的头发是金色的，有 6 个同学的头发是棕色的，你可以说金色头发的学生人数和棕色头发的学生人数的比是 8 : 6。

和分数一样，比也可以化简。如 8：6 可以化简成 4：3。这两个比大小相等。

$$8:6 = 4:3$$

另一个班级里，金色头发的学生人数与棕色头发的学生人数的比与你们班的相同。你可以利用 4：3 这个比计算出这个班级不同发色的学生人数。假设这个班级有 12 个学生的头发是金色的，你可以计算出这个班级里棕色头发的学生人数。

为了求解，你需要用金色头发的学生总人数除以 4：

$$12 ÷ 4 = 3$$

接着你需要用得出的值乘 3，从而得到结果：

$$3 × 3 = 9$$

所以在这个班级里有 9 个学生的头发是棕色的。

〉算一算

安德鲁用计算机将同学们的口腔模拟出来：白色表示乳牙，黄色表示恒牙。蓝色表示空牙槽。以下是你的一个朋友莉莉的口腔模型。

1 莉莉的乳牙数和恒牙数的比是多少？

2 目前你们班的同学平均每人有 25 颗牙齿，其中 10 颗牙齿是乳牙。那么恒牙数和乳牙数的比是多少？

3 塔维斯有 16 颗恒牙，他的恒牙数和乳牙数的比是 4：3。那么他有多少颗乳牙？

4 安格斯有 $\frac{3}{24}$ 空牙槽，$\frac{6}{24}$ 恒牙。请将这些分数化成最简分数。空牙槽数和恒牙数的比是多少？

长高

你正在统计朋友的弟弟托比在过去六个月中每个月的身高情况，了解他的身高变化趋势，以及他长高的速度。

学一学
表格、趋势和折线图

有的时候，一组数会按照一个明显的趋势发生变化，从而形成一定的模式。

该序列中的数按照每次增加 2 的方式增长：

| 1 , 3 , 5 , 7 , 9 , 11 |

每个数在前一个数的基础上增加 2。

该序列中的数每次翻倍增长：

| 1 , 2 , 4 , 8 , 16 , 32 |

前一个数乘 2 得到下一个数。

一连串数最好用折线图的形式表示出来。你可以把一组数或者表格中的每个数在图中用点标出来，然后用直线把相邻的点连起来。你可以读取图中两个数之间的值，得出没有测量的数据。

该折线图和表格表示一个人 10 小时内的体温变化情况：

时间	体温
凌晨4点	37.0℃
早上6点	37.1℃
上午8点	37.2℃
上午10点	37.2℃
中午12点	37.3℃
下午2点	37.4℃

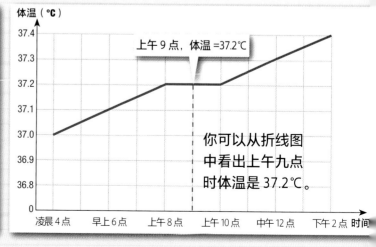

上午 9 点，体温 =37.2℃

你可以从折线图中看出上午九点时体温是 37.2℃。

〉算一算

研究工作即将收尾，你正在查看收集的数据信息，发现托比四月和五月的身高记录找不到了。

月份	身高（cm）
二月	105
三月	105.6
四月	
五月	
六月	107.4
七月	108
八月	108.6

1. 哪种图形能较好地反映出托比的身高变化情况，饼图、条形图还是折线图？

2. 如果托比身高变化较稳定，那么他在四月和五月的身高分别是多少？

3. 在你的笔记本上，用一个折线图来表示托比的身高变化。

4. 你的另一个朋友测量了他的妹妹汉娜的生长情况，并画了一个折线图（见下图）。请根据图中的数据制作一个对应的表格。

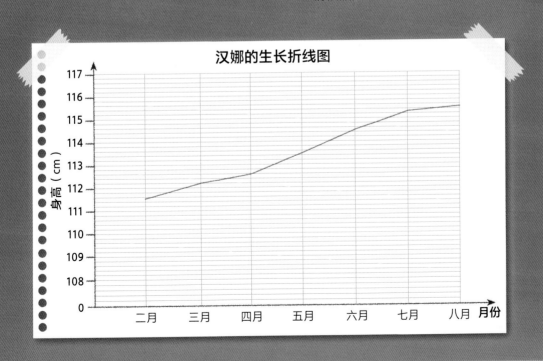

身体里的 三角形

有时为了更快地认识物体，我们可以用形状来表示它。有一种简单的形状是三角形。

学一学 三角形

如果两个三角形的对应角相等，对应边也相等，我们称这两个三角形为全等三角形。

两个全等的三角形经过旋转、翻转或者平移后可以完全重合。如果你用纸剪出两个全等三角形，你可以将一个三角形完全重叠在另一个三角形上面。

24

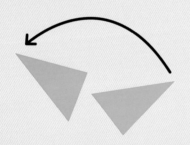

旋转

翻转（镜像）

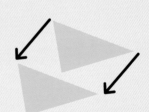

平移

如果两个三角形的对应角相等、对应边成比例，那么我们称这两个三角形为相似三角形。相似三角形的大小不一样，对应边长度的比值是一样的。

两个三角形互为相似三角形，其中一个三角形经旋转、翻转或者平移后，仍与另一个三角形相似。

我爱数学

三角形的面积可以通过下面的公式计算得出：

面积 = 底 × 高 ÷ 2

从三角形的一个顶点到它的对边作一条垂线，顶点和垂足之间的线段叫作三角形的高。

10 × 5 ÷ 2 = 50 ÷ 2 = 25（cm²）

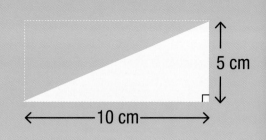

三角形的周长等于三条边长度的和。

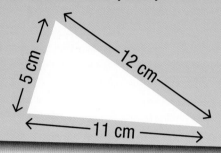

周长 = 5+11+12 = 28（cm）

〉算一算

安德鲁测量了你和四个朋友的肝脏尺寸。为了便于比较它们的大小和形状，它围绕这些肝脏画了几个三角形。

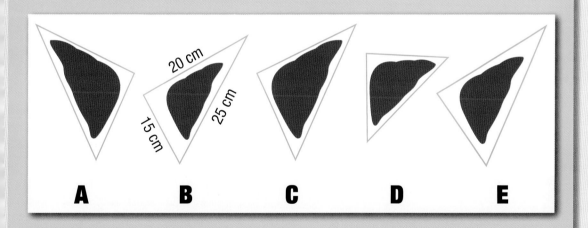

A　　**B**　　**C**　　**D**　　**E**

❶ 图中肝脏 B 的三角形面积大约为多少？（第 1、2 题使用标出的数据计算。）

❷ 图中肝脏 B 的三角形周长为多少？

❸ 图中哪两个肝脏所在的三角形为全等三

角形？请用直尺和量角器测量它们各边的长度和各角的度数。

❹ 图中肝脏 B 和 E 所在的三角形是相似三角形么？

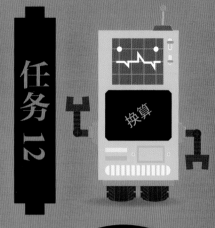

数据分享

你正在向奶奶讲述你的研究项目，同时分享了一些数据给她。

学一学
国际标准单位和市制单位换算

常用的国际标准单位以 10 的倍数为进率，方便计算。

1 千克	=	1000 克
1 千米	=	1000 米
1 米	=	100 厘米
1 厘米	=	10 毫米

26

市制单位不全是以 10 的倍数为基础。因此，计算的时候相对复杂。

1 担	=	100 斤
1 斤	=	10 两
1 里	=	150 丈
1 丈	=	10 尺
1 尺	=	10 寸

机场
2km

所有科学工作均采用国际标准单位，但是仍有一些人习惯用市制单位。为了在市制单位和标准单位间进行转换，可以使用以下这些近似值进行换算：

市制单位		国际标准单位
1寸	=	3.3厘米
1尺	=	0.33米
1里	=	0.5千米
1斤	=	0.5千克

假设一个体重为 40 千克的男孩进行 2 千米的长跑，那么你可以将其中的数据转换为传统单位：

40 千克 = 40 × 2 = 80 斤

2 千米 = 2 × 2 = 4 里

将市制单位转换为标准单位时，需要进行反向运算，之前是乘法运算的要进行除法运算，之前是除法运算的要进行乘法运算：

80 斤 ÷ 2 = 40 千克

4 里 ÷ 2 = 2 千米

〉算一算

安德鲁将所有的数据整理成一个表格，表格中的数据均是公制单位。但是，奶奶习惯用市制单位，想让你帮她把这些数据转换成市制单位。

	测量结果	标准计量	单位	市制计量
身高	1354毫米	（四舍五入到十位）	厘米	寸
体重	30387克	（四舍五入到千位）	千克	斤
腰围	612毫米	（四舍五入到十位）	厘米	寸
跑步纪录	269890毫米	（四舍五入到万位）	米	里

1 在你的笔记本上画一个相同的表格，然后按照要求在第二列中填入相应数据。

2 将所有数据换算成为标准单位，并填写到第三列中。

3 运用你在第 26 页学到的单位换算知识，将所有的数据换算成市制单位并填写到第四列中（结果保留两位小数）。

参考答案

4—5 你的身体

1. 5，2，467

2. 4 个，分别是 1，2，13，26。

3. 467 + 85324 = 85791 是奇数，
   当一个奇数加上一个偶数，
   结果仍为奇数。

4. 8，它的位值为 80000。

5. 80000 + 5000 + 300 + 20 + 4 = 85324

6—7 健康饮食

1. 星期二和星期四。

2. 星期一、星期三和星期六。

3.

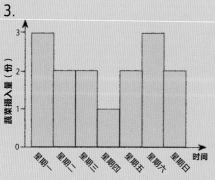

4. 星期一和星期六。

5. 表 A

8—9 呼吸

1. 100% − （78% + 1%）=
   100% − 79% = 21%

2. 100% − （78% + 16% + 1%）=
   100% − 95% = 5%

3.

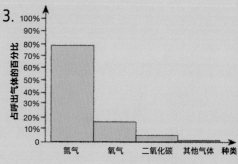

4. 21% × 600 = 126（cm³）

5. 156 ÷ 78% = 200（cm³）

10—11 举重

1. $1 \times 2000 + 3 \times 500 + 200 = 2000 + 1500 + 200 = 3700$ （g）= 3.7（kg）

2. $2 \times 1500 + 2 \times 800 + 1 \times 1000 - 0.5 \times 1000 + 200 = 3000 + 1600 + 1000 - 500 + 200 = 5300$ （g） = 5.3（kg）

3. 总重量为：$8 \times 1500 + 10 \times 2000 + 15 \times 800 + 14 \times 500 + 13 \times 1000 = 12000 + 20000 + 12000 + 7000 + 13000 = 64000$ （g）= 64（kg）
需要的人数为：$64 \div 4 = 16$ （名）
因此需要 16 名同学。

12—13 量身体

1. $1 - \frac{1}{3} = \frac{2}{3}$

2. $\frac{2}{3} \div 4 = \frac{2}{12} = \frac{1}{6}$

3. $\frac{1}{6} + \frac{1}{2} = \frac{1}{6} + \frac{3}{6} = \frac{4}{6} = \frac{2}{3}$
$1 - \frac{2}{3} = \frac{1}{3}$ 所以身体的剩余部分占身高的 $\frac{1}{3}$。

4. $\frac{1}{8} + \frac{1}{4} = \frac{1}{8} + \frac{2}{8} = \frac{3}{8}$ $1 - \frac{3}{8} = \frac{5}{8}$ 所以身体的剩余部分占身高的 $\frac{5}{8}$。

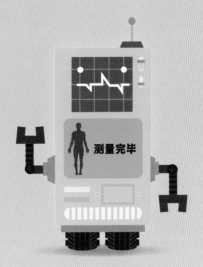

14—15 比比谁高

1. $123 + 131 + 127 + 124 + 130 = 635$ （cm）
$635 \div 5 = 127$ （cm）

2. 更重。因为 A 班中大多数同学都比 B 班的同学要重。A 班同学中除一位以外体重都超过 30kg，而 B 班中大多数的同学体重不到 30kg。

3. A 班所有同学身高之和为 635cm，B 班所有同学身高之和为 605cm。
$635 + 605 = 1240$ （cm）
同学总人数是 10 人，所以平均身高为
$1240 \div 10 = 124$ （cm）

16—17　皮肤表面

1. 1.8m²

2. 霍利

拉米兹

3. 霍利：$1\frac{1}{5}$ m²
   拉米兹：$1\frac{3}{10}$ m²

4. 小于$\frac{1}{4}$，等于$\frac{1}{5}$，大于$\frac{1}{6}$。

5. 1.8 + 1.2 + 1.3 = 4.3（m²）

18—19　骨头

1. 24 − 13 = r 或者 24 − r = 13 或者
   r + 13 = 24

2. r = 24 − 13 = 11

3. $5t$

4. 5 × 3 = 15（块）

5. s = 33 −（7 + 12 + 9）= 33 − 28 =
   5（块）

20—21　身体中的比

1. 11 : 5

2. 15 : 10，也就是 3 : 2。

3. 16 ÷ 4 = 4　4 × 3 = 12（颗）

4. $\frac{3}{24} = \frac{1}{8}$　$\frac{6}{24} = \frac{1}{4}$
   比为 3 : 6，也就是 1 : 2。

22—23　长高

1. 折线图，因为它能更好地
   呈现数据的连续变化。

2. 托比每个月长高 0.6cm，
   所以缺失的两个数据：
   四月 106.2，
   五月 106.8。

3.

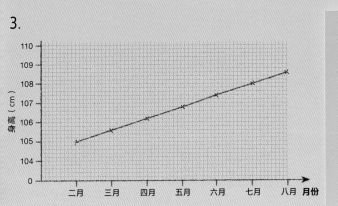

4.

月份	身高（cm）
二月	111.5
三月	112.2
四月	112.6
五月	113.5
六月	114.5
七月	115.3
八月	115.5

24—25　身体里的三角形

1. $20 × 15 ÷ 2 = 300 ÷ 2 = 150（cm^2）$

2. $15 + 20 + 25 = 60（cm）$

3. A 和 C，因为它们的三个角和三条边都对应相等。

4. 不是，因为它们的对应角不相等，对应边也不成比例。

26—27　数据分享

	测量结果	公制计量	单位	市制计量
身高	1354毫米	1350毫米	135厘米	40.91寸
体重	30387克	30000克	30千克	60斤
腰围	612毫米	610毫米	61厘米	18.48寸
跑步纪录	269890毫米	270000毫米	270米	0.54里

图书在版编目（CIP）数据

"算出"数学思维 /（英）安妮·鲁尼,（英）希拉里·科尔,（英）史蒂夫·米尔斯著；肖春霞等译 . --福州 : 海峡书局 , 2023.3

ISBN 978-7-5567-1033-1

Ⅰ . ①算⋯ Ⅱ . ①安⋯ ②希⋯ ③史⋯ ④肖⋯ Ⅲ . ①数学－少儿读物 Ⅳ . ① O1-49

中国国家版本馆 CIP 数据核字 (2023) 第 018758 号
著作权合同登记号　图字：13—2022—059 号

GO FIGURE series: a maths journey through the human body

Text by Anne Rooney

First published in 2014 by Wayland

Copyright © Hodder and Stoughton, 2014

Wayland is an imprint of Hachette Children's Group, an Hachette UK company.

Simplified Chinese translation edition is published by Ginkgo (Shanghai) Book Co., Ltd.

本书中文简体版权归属于银杏树下（上海）图书有限责任公司